火先生的故事

認識 火的特性

斯提諾‧特萊尼 圖/文

新雅文化事業有限公司
www.sunya.com.hk

安格和皮諾去了海邊探望水先生。
來到海邊後，他們立即搭起帳篷。

接着，安格和皮諾準備煮一鍋美味的濃湯。他們把鍋吊好，然後在鍋下方放了一堆枯葉和木柴。

當正要生火的時候，安格卻找不到火柴。

我記得有把火柴帶來呀！

這樣怎麼辦？

思考點

小朋友，你見過火柴嗎？你知道火柴是什麼嗎？

答案：
火柴是一種生火工具。首先，火柴頭會由火藥和火柴盒旁邊的紅磷產生摩擦，釋放出熱能點燃易燃物的火柴梗，一起燃燒起來，便能燃點火。

安格找不到火柴，點不着火，那怎麼辦呢？
水先生去找太陽先生和空氣小姐：「快來跟我去
幫幫安格吧！」

很樂意！

好啊！

我們全力以赴吧！

他們想做什麼呢？

4

太陽先生朝向水先生的鼻子上射出一束強烈的光線，水先生馬上用鼻子把光線聚焦到枯葉上，空氣小姐吹起了柔柔的微風。過了一會兒，一縷輕煙淡淡飄起來，冒出了幾顆火星：火先生來了！

我會投入我的熱情。

加油，加油！

我的透明鼻子可以充當放大鏡。

我吹風的時候，能增加氧氣。

可以看到煙了！

難以置信！

為什麼沒火柴也可以生火？

當乾燥的樹葉被炙熱的陽光照射，而發熱達到一定的燃燒點時，就會點起火，自然就可以生火了。這是一種透過物理原理來聚焦生火的方法。

試想想，為什麼空氣小姐吹的是微風？如果她吹的是大風、暴風，火先生會怎樣呢？

剛誕生的火先生非常飢餓，安格和安諾餵他吃枯葉和木柴，空氣小姐則繼續吹着微風。

火先生生長得很快。看着自己燃燒的木柴發出噼噼啪啪的響聲，火先生興奮極了。

「我們現在可以煮飯了！」安格說。

我再吹一下！

很肚餓！

安格、安諾、水先生和火先生一邊渴着熱騰騰的濃湯，一邊愉快地聊天。

「沒想到你們原來是朋友！」安格說。

「我和火先生認識很久了。」水先生說，

「我給你們講個故事吧……」

我們認識了幾百萬年了！

來，說吧！

好味道！

故事萬歲！

水先生開始講故事：「我的年紀不小了！我記得原始人的生活和今天的很不一樣，那時候他們還不認識水先生。」

我買了菜！

一個原始人！

什麼野蠻人！

「想想看，他們不會生火煮飯，只能吃生的食物！」

思考點

為什麼我們現在是吃熟的食物，而不是像古人般茹毛飲血呢？

答案：
除了食物美味之外，重
要著重，烹調過程較能
殺死使人類生病的細菌，
所以煮過的食物較安全。
吃。

水先生繼續說：「在白天，太陽先生照亮了天空和大地，人類便利用他的熱能來取暖。」

真厲害，許多故事都跟太陽先生有關！

你很了不起！

你太可愛了！

太陽先生看來有點自滿啊！

「到了晚上，太陽先生下山後，四周變得黑漆漆，冷冰冰。人們只好躲在黑暗的山洞裏，聽着外面傳來的可怕聲音。」

吱吱一

嗒嗒一

吼！

嗚嗚一

他們很可憐啊！

啊啊一

思考點

小朋友，細心看看圖中有多少種動物在晚上發出聲響呢？

答案：
圖中有5種動物在發出聲響。

「其實那時候已經有火先生了，他想盡方法跟人類做朋友，但人類總是不理解他的意思。」

「例如，閃電從天猛擊下來時，間中會導致樹木燃燒起來，這時候，大家都被火先生嚇跑了！」

嘿，朋友，不要逃跑啊！

救命！

你反應是否過大了？

「此外，當火山爆發時，高溫的岩漿流有時也會引發大火。人類只顧四處逃生，當然不會停下來認識火先生！」

OBOT！

走，走，走！

為什麼岩漿爆發時，我們要馬上逃命？

岩漿的溫度極高，它經過的地方，必定寸草不生，由於任何東西都無法逃脫岩漿的侵蝕，所以我們千萬不可讓岩漿落在身上呀！

「有時人類會不小心被火先生燒傷。」水先生笑着說：「他們會跑來找我，讓我替他們給燒傷的地方灑點水，降降溫，這樣他們便沒有那麼痛了。」

來，擁抱一下吧！

我來了！

很痛呀！

又來了！

慢慢來，慢慢來！

「想和火先生做朋友其實也不容易。他性格古怪，要跟他融洽相處，實在需要一些學問。」

就這樣了！

火勢很猛！

不是啦！你只需要學會了解他。

趣味點

水先生除了可以減輕被火燒傷的痛楚，還為海中的生動提供棲息的地方。小朋友，數一數，圖中有多少條魚兒在水中遊玩啊。

15

「漸漸地，人類學懂如何使用火，而又不燒傷自己。克服了對火的恐懼後，他們就和火先生成為了朋友。」水先生繼續說。

「火先生有不少優點，他能把野獸驅趕得遠遠、能點亮黑夜，還能讓洞穴保持溫暖。當然，也能讓食物變得更美味。」

火帶給我們什麼好處呢？

答案：

火為我們帶來光和溫暖，我們可以用火來煮熟食物、驅趕野獸以及照明等，所以火能夠在很久以前已經被應用多久了。

「可是，人類還未學會如何在需要火先生時召喚他。」水先生說：「他們總不能在準備做午飯時，呆呆地等待閃電來臨吧！」

「那麼，人類是怎樣學會生火呢？」安格問道。

「後來有人發現，把兩塊石頭互相碰撞，又或是把一頭削尖的木棒用力地在木板上摩擦鑽洞，便能產生熱能和火焰。不過，這是需要非常有耐性才可做到。」水先生答道，「此後，人類陸續想了很多不同的主意，最後便發明了火柴。」

火在做不同工作時,溫度是否也會不同呢?

火焰的溫度只是攝氏幾百度,因為熱量被散發到空氣中,可是不同材質所燃燒的溫度也不一樣,比如炒菜用的火、鑄鐵用的火等,所以當火先生在幫人類辦事的時候,他的溫度也會在變化。

「這樣,火先生幫助人類做了很多事情:燒製陶器、鑄造金屬、製作玻璃、開動輪船和水車的發動機,還能烤出美味的薄餅!」

我在拉坯機上做陶瓷,並放進窰裏燒製。

我是一名鐵匠,我在鑄造金屬。

全速前進!

我在吹製玻璃,打造美麗的瓶子!

很香!這是用木柴燒出來的薄餅!

你們看!

許多回憶啊!

火先生萬歲!

薄餅萬歲!

「可是，人類有時會利用火先生來做出一些壞事情。」水先生說。

「不過這並不是火先生的過錯啊！」安格叫道。

也的確如此。

全部燒掉！

點火！

可憐的人類，你在做什麼？

太可怕了！

太嚇人了！

是啊！

思考點

怎樣可以避免看到火先生去吃窗簾？小朋友，你有沒有想到一些方法呢？

「火先生真的很貪吃，他常常都說很肚餓。」水先生嚴肅說：「千萬別讓他吃得太多啊！」

「明白了！」皮諾說：「火先生吃得越多，會變得越大，那就很難控制住他了！」

答案：
在廚房煮食時，要看着爐火。如家中有人吸煙，要確保香煙完全熄滅。

「對！」水先生說：「倘若火先生變得太大時，就會危害大家的安全。這時，消防員就會叫我來幫忙撲滅火先生了。」

如果居住的環境失火，發生火警了，我們應該怎樣辦？

夜深了，水先生也停下來，不講故事了。

皮諾已經在帳蓬內熟睡着，火先生吃光了木柴後，也離開了。

此時，安格找到了一根火柴，說道：「水先生，晚安了！明天我和火先生會一早起牀給你們準備早餐呢！」

晚安，孩子們！

科學小實驗

現在就來和火先生一起玩吧！

你會學到許多新奇、有趣的東西，
它們就發生在你的身邊。

火的剪影

你需要：

 蠟燭

火柴和負責使用火柴的大人

畫紙一疊

顏色筆、畫筆和水彩顏料

難度：

做法：

1. 大人先用火柴燃點蠟燭，小朋友可觀察蠟燭的火焰。
火焰的形狀有沒有改變呢？

2 小朋友，集中精神，嘗試把火焰的形狀畫出來。這並不容易，但會很有趣。用顏色筆或水彩顏料試試看。

3 不同顏色的火焰代表什麼?

紅色：紅色火焰的溫度比較低，大約攝氏200多度。

藍色：藍色火焰最常見，一般是指煮食爐正常運作時，火焰的穩定性較好。

黃色：未完全燃燒，火焰尖上開始變黃色，代表火焰燃燒的效率降低。

白色：白色火焰的溫度最高，估計可高達攝氏1,000度。

注意：火能造福人類，也能造成禍害。火會把人燒傷！別去摸它！謹記請大人一直陪着你。

請原始人吃生魚

你需要：

吸管

洗乾淨的蘋果

水果刀

杏仁片

負責使用水果刀
的大人

剪刀

難度：

做法：

(1) 請大人幫你削掉蘋果皮，把蘋果切成一塊塊，去掉核的部分，再把蘋果塊切成魚的形狀。

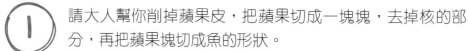

2 用吸管在蘋果塊適當的应置穿洞，從一邊穿到另外一邊，做出魚眼。然後，切掉一個三角形的小塊，做出魚兒的嘴巴。

3 把杏仁片插在蘋果塊上，做出魚鰭和魚尾。

你也可以用削掉的蘋果皮來做魚鰭和魚尾。請大人在蘋果塊上切些小口，並把蘋果皮剪成合適的形狀插進去。可能有點困難，但只要小心一點就會成功！

4 現在，你可以邀請原始人來吃生魚了！

好奇水先生
火先生的故事

圖文：亞哥斯提諾‧特萊尼 (Agostino Traini)

譯者：林麗

責任編輯：嚴瓊音

美術設計：許鍩琳

出版：新雅文化事業有限公司

香港英皇道499號北角工業大廈18樓

電話：(852) 2138 7998

傳真：(852) 2597 4003

網址：http://www.sunya.com.hk

電郵：marketing@sunya.com.hk

發行：香港聯合書刊物流有限公司

香港荃灣德士古道220-248號荃灣工業中心16樓

電話：(852) 2150 2100

傳真：(852) 2407 3062

電郵：info@suplogistics.com.hk

印刷：中華商務彩色印刷有限公司

香港新界大埔汀麗路36號

版次：二〇二三年七月初版

Original cover, Text and Illustrations by Agostino Traini.
No part of this book may be stored, reproduced or transmitted in any form or by any means, electronic or mechanical, including photocopying, recording, or by any information storage and retrieval system, without written permission from the copyright holder. For information address Atlantyca S.p.A.

ISBN: 978-962-08-8201-2
© 2014 Mondadori Libri S.p.A. for PIEMME, Italia
Published by arrangement with Atlantyca S.p.A. – Corso Magenta, 60/62 –20123 Milano, Italia - foreignrights@atlantyca.it - www.atlantyca.com
Original Title: *Storie attorno al Signor Fuoco*
Translation by Mary.
© 2023 for this work in Traditional Chinese language, Sun Ya Publications (HK) Ltd.
18/F, North Point Industrial Building, 499 King's Road, Hong Kong
Published in Hong Kong SAR, China
Printed in China.